Space Traveler's Diary

Over 100 weeks of planning
Any year — any galaxy

Archi Medes

Published by:
Recursive Press
Alpha Centuri
Copyright 2047
All Rights Reserved

RecursivePress@galaxymail.com

ISBN-13:
978-1974565245

ISBN-10:
1974565246

If found, please return to

Name:

Address:

Phone:

Email:

Home Year:

Galaxy:

Worm Hole Ref:

JAN FEB MAR APR MAY JUN JUL AUG SEP OCT NOV DEC

SATURDAY

MONDAY

TUESDAY

SUNDAY

ALPHA BETA GAMMA DELTA EPSILON ZETA ETA THETA IOTA KAPPA

JAN FEB MAR APR MAY JUN JUL AUG SEP OCT NOV DEC

<u>WEDNESDAY</u>	<u>THURSDAY</u>	<u>FRIDAY</u>

ALPHA BETA GAMMA DELTA EPSILON ZETA ETA THETA IOTA KAPPA

JAN FEB MAR APR MAY JUN JUL AUG SEP OCT NOV DEC

SATURDAY   ## MONDAY   ## TUESDAY

SUNDAY

ALPHA BETA GAMMA DELTA EPSILON ZETA ETA THETA IOTA KAPPA

JAN FEB MAR APR MAY JUN JUL AUG SEP OCT NOV DEC

WEDNESDAY

THURSDAY

FRIDAY

ALPHA BETA GAMMA DELTA EPSILON ZETA ETA THETA IOTA KAPPA

JAN FEB MAR APR MAY JUN JUL AUG SEP OCT NOV DEC

SATURDAY

MONDAY

TUESDAY

SUNDAY

ALPHA BETA GAMMA DELTA EPSILON ZETA ETA THETA IOTA KAPPA

JAN FEB MAR APR MAY JUN JUL AUG SEP OCT NOV DEC

WEDNESDAY | ## THURSDAY | ## FRIDAY

ALPHA BETA GAMMA DELTA EPSILON ZETA ETA THETA IOTA KAPPA

JAN FEB MAR APR MAY JUN JUL AUG SEP OCT NOV DEC

SATURDAY

MONDAY

TUESDAY

SUNDAY

ALPHA BETA GAMMA DELTA EPSILON ZETA ETA THETA IOTA KAPPA

JAN FEB MAR APR MAY JUN JUL AUG SEP OCT NOV DEC

WEDNESDAY   ## THURSDAY   ## FRIDAY

ALPHA BETA GAMMA DELTA EPSILON ZETA ETA THETA IOTA KAPPA

JAN FEB MAR APR MAY JUN JUL AUG SEP OCT NOV DEC

SATURDAY

MONDAY

TUESDAY

SUNDAY

ALPHA BETA GAMMA DELTA EPSILON ZETA ETA THETA IOTA KAPPA

JAN FEB MAR APR MAY JUN JUL AUG SEP OCT NOV DEC

WEDNESDAY | ## THURSDAY | ## FRIDAY

ALPHA BETA GAMMA DELTA EPSILON ZETA ETA THETA IOTA KAPPA

JAN FEB MAR APR MAY JUN JUL AUG SEP OCT NOV DEC

SATURDAY

MONDAY

TUESDAY

SUNDAY

ALPHA BETA GAMMA DELTA EPSILON ZETA ETA THETA IOTA KAPPA

JAN FEB MAR APR MAY JUN JUL AUG SEP OCT NOV DEC

WEDNESDAY   ## THURSDAY   ## FRIDAY

ALPHA BETA GAMMA DELTA EPSILON ZETA ETA THETA IOTA KAPPA

JAN FEB MAR APR MAY JUN JUL AUG SEP OCT NOV DEC

SATURDAY

MONDAY

TUESDAY

SUNDAY

ALPHA BETA GAMMA DELTA EPSILON ZETA ETA THETA IOTA KAPPA

JAN FEB MAR APR MAY JUN JUL AUG SEP OCT NOV DEC

WEDNESDAY   ## THURSDAY   ## FRIDAY

ALPHA BETA GAMMA DELTA EPSILON ZETA ETA THETA IOTA KAPPA

JAN FEB MAR APR MAY JUN JUL AUG SEP OCT NOV DEC

SATURDAY

MONDAY

TUESDAY

SUNDAY

ALPHA BETA GAMMA DELTA EPSILON ZETA ETA THETA IOTA KAPPA

JAN FEB MAR APR MAY JUN JUL AUG SEP OCT NOV DEC

WEDNESDAY

THURSDAY

FRIDAY

ALPHA BETA GAMMA DELTA EPSILON ZETA ETA THETA IOTA KAPPA

JAN FEB MAR APR MAY JUN JUL AUG SEP OCT NOV DEC

SATURDAY

MONDAY

TUESDAY

SUNDAY

ALPHA BETA GAMMA DELTA EPSILON ZETA ETA THETA IOTA KAPPA

JAN FEB MAR APR MAY JUN JUL AUG SEP OCT NOV DEC

WEDNESDAY   ## THURSDAY   ## FRIDAY

ALPHA BETA GAMMA DELTA EPSILON ZETA ETA THETA IOTA KAPPA

JAN FEB MAR APR MAY JUN JUL AUG SEP OCT NOV DEC

SATURDAY

MONDAY

TUESDAY

SUNDAY

ALPHA BETA GAMMA DELTA EPSILON ZETA ETA THETA IOTA KAPPA

JAN FEB MAR APR MAY JUN JUL AUG SEP OCT NOV DEC

WEDNESDAY | ## THURSDAY | ## FRIDAY

ALPHA BETA GAMMA DELTA EPSILON ZETA ETA THETA IOTA KAPPA

JAN FEB MAR APR MAY JUN JUL AUG SEP OCT NOV DEC

SATURDAY

MONDAY

TUESDAY

SUNDAY

ALPHA BETA GAMMA DELTA EPSILON ZETA ETA THETA IOTA KAPPA

JAN FEB MAR APR MAY JUN JUL AUG SEP OCT NOV DEC

WEDNESDAY

THURSDAY

FRIDAY

ALPHA BETA GAMMA DELTA EPSILON ZETA ETA THETA IOTA KAPPA

JAN　FEB　MAR　APR　MAY　JUN　JUL　AUG　SEP　OCT　NOV　DEC

SATURDAY

MONDAY

TUESDAY

SUNDAY

ALPHA　BETA　GAMMA　DELTA　EPSILON　ZETA　ETA　THETA　IOTA　KAPPA

JAN FEB MAR APR MAY JUN JUL AUG SEP OCT NOV DEC

WEDNESDAY   ## THURSDAY   ## FRIDAY

ALPHA BETA GAMMA DELTA EPSILON ZETA ETA THETA IOTA KAPPA

JAN FEB MAR APR MAY JUN JUL AUG SEP OCT NOV DEC

SATURDAY

MONDAY

TUESDAY

SUNDAY

ALPHA BETA GAMMA DELTA EPSILON ZETA ETA THETA IOTA KAPPA

JAN FEB MAR APR MAY JUN JUL AUG SEP OCT NOV DEC

WEDNESDAY   ## THURSDAY   ## FRIDAY

ALPHA BETA GAMMA DELTA EPSILON ZETA ETA THETA IOTA KAPPA

JAN FEB MAR APR MAY JUN JUL AUG SEP OCT NOV DEC

SATURDAY

MONDAY

TUESDAY

SUNDAY

ALPHA BETA GAMMA DELTA EPSILON ZETA ETA THETA IOTA KAPPA

JAN FEB MAR APR MAY JUN JUL AUG SEP OCT NOV DEC

WEDNESDAY

THURSDAY

FRIDAY

ALPHA BETA GAMMA DELTA EPSILON ZETA ETA THETA IOTA KAPPA

JAN FEB MAR APR MAY JUN JUL AUG SEP OCT NOV DEC

SATURDAY

MONDAY

TUESDAY

SUNDAY

ALPHA BETA GAMMA DELTA EPSILON ZETA ETA THETA IOTA KAPPA

JAN FEB MAR APR MAY JUN JUL AUG SEP OCT NOV DEC

WEDNESDAY

THURSDAY

FRIDAY

ALPHA BETA GAMMA DELTA EPSILON ZETA ETA THETA IOTA KAPPA

JAN FEB MAR APR MAY JUN JUL AUG SEP OCT NOV DEC

SATURDAY

MONDAY

TUESDAY

SUNDAY

ALPHA BETA GAMMA DELTA EPSILON ZETA ETA THETA IOTA KAPPA

JAN FEB MAR APR MAY JUN JUL AUG SEP OCT NOV DEC

WEDNESDAY   ## THURSDAY   ## FRIDAY

ALPHA BETA GAMMA DELTA EPSILON ZETA ETA THETA IOTA KAPPA

JAN FEB MAR APR MAY JUN JUL AUG SEP OCT NOV DEC

SATURDAY

MONDAY

TUESDAY

SUNDAY

ALPHA BETA GAMMA DELTA EPSILON ZETA ETA THETA IOTA KAPPA

JAN FEB MAR APR MAY JUN JUL AUG SEP OCT NOV DEC

WEDNESDAY | ## THURSDAY | ## FRIDAY

ALPHA BETA GAMMA DELTA EPSILON ZETA ETA THETA IOTA KAPPA

JAN FEB MAR APR MAY JUN JUL AUG SEP OCT NOV DEC

SATURDAY   MONDAY   TUESDAY

SUNDAY

ALPHA BETA GAMMA DELTA EPSILON ZETA ETA THETA IOTA KAPPA

JAN FEB MAR APR MAY JUN JUL AUG SEP OCT NOV DEC

WEDNESDAY   ## THURSDAY   ## FRIDAY

ALPHA BETA GAMMA DELTA EPSILON ZETA ETA THETA IOTA KAPPA

JAN FEB MAR APR MAY JUN JUL AUG SEP OCT NOV DEC

SATURDAY

MONDAY

TUESDAY

SUNDAY

ALPHA BETA GAMMA DELTA EPSILON ZETA ETA THETA IOTA KAPPA

JAN FEB MAR APR MAY JUN JUL AUG SEP OCT NOV DEC

WEDNESDAY

THURSDAY

FRIDAY

ALPHA BETA GAMMA DELTA EPSILON ZETA ETA THETA IOTA KAPPA

JAN FEB MAR APR MAY JUN JUL AUG SEP OCT NOV DEC

SATURDAY

MONDAY

TUESDAY

SUNDAY

ALPHA BETA GAMMA DELTA EPSILON ZETA ETA THETA IOTA KAPPA

JAN FEB MAR APR MAY JUN JUL AUG SEP OCT NOV DEC

WEDNESDAY	THURSDAY	FRIDAY

ALPHA BETA GAMMA DELTA EPSILON ZETA ETA THETA IOTA KAPPA

JAN FEB MAR APR MAY JUN JUL AUG SEP OCT NOV DEC

SATURDAY | ## MONDAY | ## TUESDAY

SUNDAY

ALPHA BETA GAMMA DELTA EPSILON ZETA ETA THETA IOTA KAPPA

JAN FEB MAR APR MAY JUN JUL AUG SEP OCT NOV DEC

WEDNESDAY   ## THURSDAY   ## FRIDAY

ALPHA BETA GAMMA DELTA EPSILON ZETA ETA THETA IOTA KAPPA

JAN FEB MAR APR MAY JUN JUL AUG SEP OCT NOV DEC

SATURDAY

MONDAY

TUESDAY

SUNDAY

ALPHA BETA GAMMA DELTA EPSILON ZETA ETA THETA IOTA KAPPA

JAN FEB MAR APR MAY JUN JUL AUG SEP OCT NOV DEC

WEDNESDAY

THURSDAY

FRIDAY

ALPHA BETA GAMMA DELTA EPSILON ZETA ETA THETA IOTA KAPPA

JAN FEB MAR APR MAY JUN JUL AUG SEP OCT NOV DEC

SATURDAY

MONDAY

TUESDAY

SUNDAY

ALPHA BETA GAMMA DELTA EPSILON ZETA ETA THETA IOTA KAPPA

JAN FEB MAR APR MAY JUN JUL AUG SEP OCT NOV DEC

WEDNESDAY	THURSDAY	FRIDAY

ALPHA BETA GAMMA DELTA EPSILON ZETA ETA THETA IOTA KAPPA

JAN FEB MAR APR MAY JUN JUL AUG SEP OCT NOV DEC

SATURDAY | ## MONDAY | ## TUESDAY

SUNDAY

ALPHA BETA GAMMA DELTA EPSILON ZETA ETA THETA IOTA KAPPA

JAN FEB MAR APR MAY JUN JUL AUG SEP OCT NOV DEC

WEDNESDAY ## THURSDAY ## FRIDAY

ALPHA BETA GAMMA DELTA EPSILON ZETA ETA THETA IOTA KAPPA

JAN FEB MAR APR MAY JUN JUL AUG SEP OCT NOV DEC

SATURDAY

MONDAY

TUESDAY

SUNDAY

ALPHA BETA GAMMA DELTA EPSILON ZETA ETA THETA IOTA KAPPA

JAN FEB MAR APR MAY JUN JUL AUG SEP OCT NOV DEC

WEDNESDAY

THURSDAY

FRIDAY

ALPHA BETA GAMMA DELTA EPSILON ZETA ETA THETA IOTA KAPPA

JAN FEB MAR APR MAY JUN JUL AUG SEP OCT NOV DEC

SATURDAY

MONDAY

TUESDAY

SUNDAY

ALPHA BETA GAMMA DELTA EPSILON ZETA ETA THETA IOTA KAPPA

JAN FEB MAR APR MAY JUN JUL AUG SEP OCT NOV DEC

WEDNESDAY　　　## THURSDAY　　　## FRIDAY

ALPHA BETA GAMMA DELTA EPSILON ZETA ETA THETA IOTA KAPPA

JAN FEB MAR APR MAY JUN JUL AUG SEP OCT NOV DEC

SATURDAY

MONDAY

TUESDAY

SUNDAY

ALPHA BETA GAMMA DELTA EPSILON ZETA ETA THETA IOTA KAPPA

JAN FEB MAR APR MAY JUN JUL AUG SEP OCT NOV DEC

WEDNESDAY | ## THURSDAY | ## FRIDAY

ALPHA BETA GAMMA DELTA EPSILON ZETA ETA THETA IOTA KAPPA

JAN FEB MAR APR MAY JUN JUL AUG SEP OCT NOV DEC

SATURDAY

MONDAY

TUESDAY

SUNDAY

ALPHA BETA GAMMA DELTA EPSILON ZETA ETA THETA IOTA KAPPA

JAN FEB MAR APR MAY JUN JUL AUG SEP OCT NOV DEC

WEDNESDAY

THURSDAY

FRIDAY

ALPHA BETA GAMMA DELTA EPSILON ZETA ETA THETA IOTA KAPPA

JAN FEB MAR APR MAY JUN JUL AUG SEP OCT NOV DEC

SATURDAY

MONDAY

TUESDAY

SUNDAY

ALPHA BETA GAMMA DELTA EPSILON ZETA ETA THETA IOTA KAPPA

JAN FEB MAR APR MAY JUN JUL AUG SEP OCT NOV DEC

WEDNESDAY	THURSDAY	FRIDAY

ALPHA BETA GAMMA DELTA EPSILON ZETA ETA THETA IOTA KAPPA

JAN FEB MAR APR MAY JUN JUL AUG SEP OCT NOV DEC

SATURDAY

MONDAY

TUESDAY

SUNDAY

ALPHA BETA GAMMA DELTA EPSILON ZETA ETA THETA IOTA KAPPA

JAN FEB MAR APR MAY JUN JUL AUG SEP OCT NOV DEC

WEDNESDAY

THURSDAY

FRIDAY

ALPHA BETA GAMMA DELTA EPSILON ZETA ETA THETA IOTA KAPPA

JAN FEB MAR APR MAY JUN JUL AUG SEP OCT NOV DEC

SATURDAY

MONDAY

TUESDAY

SUNDAY

ALPHA BETA GAMMA DELTA EPSILON ZETA ETA THETA IOTA KAPPA

JAN FEB MAR APR MAY JUN JUL AUG SEP OCT NOV DEC

WEDNESDAY

THURSDAY

FRIDAY

ALPHA BETA GAMMA DELTA EPSILON ZETA ETA THETA IOTA KAPPA

JAN FEB MAR APR MAY JUN JUL AUG SEP OCT NOV DEC

SATURDAY

MONDAY

TUESDAY

SUNDAY

ALPHA BETA GAMMA DELTA EPSILON ZETA ETA THETA IOTA KAPPA

JAN FEB MAR APR MAY JUN JUL AUG SEP OCT NOV DEC

WEDNESDAY   ## THURSDAY   ## FRIDAY

ALPHA BETA GAMMA DELTA EPSILON ZETA ETA THETA IOTA KAPPA

JAN FEB MAR APR MAY JUN JUL AUG SEP OCT NOV DEC

SATURDAY

MONDAY

TUESDAY

SUNDAY

ALPHA BETA GAMMA DELTA EPSILON ZETA ETA THETA IOTA KAPPA

JAN FEB MAR APR MAY JUN JUL AUG SEP OCT NOV DEC

WEDNESDAY

THURSDAY

FRIDAY

ALPHA BETA GAMMA DELTA EPSILON ZETA ETA THETA IOTA KAPPA

JAN FEB MAR APR MAY JUN JUL AUG SEP OCT NOV DEC

SATURDAY	MONDAY	TUESDAY
SUNDAY		

ALPHA BETA GAMMA DELTA EPSILON ZETA ETA THETA IOTA KAPPA

JAN FEB MAR APR MAY JUN JUL AUG SEP OCT NOV DEC

WEDNESDAY

THURSDAY

FRIDAY

ALPHA BETA GAMMA DELTA EPSILON ZETA ETA THETA IOTA KAPPA

JAN FEB MAR APR MAY JUN JUL AUG SEP OCT NOV DEC

SATURDAY

MONDAY

TUESDAY

SUNDAY

ALPHA BETA GAMMA DELTA EPSILON ZETA ETA THETA IOTA KAPPA

JAN FEB MAR APR MAY JUN JUL AUG SEP OCT NOV DEC

WEDNESDAY

THURSDAY

FRIDAY

ALPHA BETA GAMMA DELTA EPSILON ZETA ETA THETA IOTA KAPPA

JAN FEB MAR APR MAY JUN JUL AUG SEP OCT NOV DEC

SATURDAY

MONDAY

TUESDAY

SUNDAY

ALPHA BETA GAMMA DELTA EPSILON ZETA ETA THETA IOTA KAPPA

JAN FEB MAR APR MAY JUN JUL AUG SEP OCT NOV DEC

WEDNESDAY

THURSDAY

FRIDAY

ALPHA BETA GAMMA DELTA EPSILON ZETA ETA THETA IOTA KAPPA

JAN FEB MAR APR MAY JUN JUL AUG SEP OCT NOV DEC

SATURDAY | ## MONDAY | ## TUESDAY

SUNDAY

ALPHA BETA GAMMA DELTA EPSILON ZETA ETA THETA IOTA KAPPA

JAN FEB MAR APR MAY JUN JUL AUG SEP OCT NOV DEC

WEDNESDAY   ## THURSDAY   ## FRIDAY

ALPHA BETA GAMMA DELTA EPSILON ZETA ETA THETA IOTA KAPPA

JAN FEB MAR APR MAY JUN JUL AUG SEP OCT NOV DEC

SATURDAY

MONDAY

TUESDAY

SUNDAY

ALPHA BETA GAMMA DELTA EPSILON ZETA ETA THETA IOTA KAPPA

JAN FEB MAR APR MAY JUN JUL AUG SEP OCT NOV DEC

WEDNESDAY

THURSDAY

FRIDAY

ALPHA BETA GAMMA DELTA EPSILON ZETA ETA THETA IOTA KAPPA

JAN FEB MAR APR MAY JUN JUL AUG SEP OCT NOV DEC

SATURDAY

MONDAY

TUESDAY

SUNDAY

ALPHA BETA GAMMA DELTA EPSILON ZETA ETA THETA IOTA KAPPA

JAN FEB MAR APR MAY JUN JUL AUG SEP OCT NOV DEC

WEDNESDAY

THURSDAY

FRIDAY

ALPHA BETA GAMMA DELTA EPSILON ZETA ETA THETA IOTA KAPPA

JAN FEB MAR APR MAY JUN JUL AUG SEP OCT NOV DEC

SATURDAY

MONDAY

TUESDAY

SUNDAY

ALPHA BETA GAMMA DELTA EPSILON ZETA ETA THETA IOTA KAPPA

JAN FEB MAR APR MAY JUN JUL AUG SEP OCT NOV DEC

WEDNESDAY

THURSDAY

FRIDAY

ALPHA BETA GAMMA DELTA EPSILON ZETA ETA THETA IOTA KAPPA

JAN FEB MAR APR MAY JUN JUL AUG SEP OCT NOV DEC

SATURDAY

MONDAY

TUESDAY

SUNDAY

ALPHA BETA GAMMA DELTA EPSILON ZETA ETA THETA IOTA KAPPA

JAN FEB MAR APR MAY JUN JUL AUG SEP OCT NOV DEC

WEDNESDAY	THURSDAY	FRIDAY

ALPHA BETA GAMMA DELTA EPSILON ZETA ETA THETA IOTA KAPPA

JAN FEB MAR APR MAY JUN JUL AUG SEP OCT NOV DEC

SATURDAY   ## MONDAY   ## TUESDAY

SUNDAY

ALPHA BETA GAMMA DELTA EPSILON ZETA ETA THETA IOTA KAPPA

JAN FEB MAR APR MAY JUN JUL AUG SEP OCT NOV DEC

WEDNESDAY　　## THURSDAY　　## FRIDAY

ALPHA BETA GAMMA DELTA EPSILON ZETA ETA THETA IOTA KAPPA

JAN FEB MAR APR MAY JUN JUL AUG SEP OCT NOV DEC

SATURDAY

MONDAY

TUESDAY

SUNDAY

ALPHA BETA GAMMA DELTA EPSILON ZETA ETA THETA IOTA KAPPA

JAN FEB MAR APR MAY JUN JUL AUG SEP OCT NOV DEC

WEDNESDAY

THURSDAY

FRIDAY

ALPHA BETA GAMMA DELTA EPSILON ZETA ETA THETA IOTA KAPPA

JAN FEB MAR APR MAY JUN JUL AUG SEP OCT NOV DEC

SATURDAY

MONDAY

TUESDAY

SUNDAY

ALPHA BETA GAMMA DELTA EPSILON ZETA ETA THETA IOTA KAPPA

JAN FEB MAR APR MAY JUN JUL AUG SEP OCT NOV DEC

WEDNESDAY | ## THURSDAY | ## FRIDAY

ALPHA BETA GAMMA DELTA EPSILON ZETA ETA THETA IOTA KAPPA

JAN FEB MAR APR MAY JUN JUL AUG SEP OCT NOV DEC

SATURDAY

MONDAY

TUESDAY

SUNDAY

ALPHA BETA GAMMA DELTA EPSILON ZETA ETA THETA IOTA KAPPA

JAN FEB MAR APR MAY JUN JUL AUG SEP OCT NOV DEC

WEDNESDAY | ## THURSDAY | ## FRIDAY

ALPHA BETA GAMMA DELTA EPSILON ZETA ETA THETA IOTA KAPPA

JAN FEB MAR APR MAY JUN JUL AUG SEP OCT NOV DEC

SATURDAY

MONDAY

TUESDAY

SUNDAY

ALPHA BETA GAMMA DELTA EPSILON ZETA ETA THETA IOTA KAPPA

JAN FEB MAR APR MAY JUN JUL AUG SEP OCT NOV DEC

WEDNESDAY   ## THURSDAY   ## FRIDAY

ALPHA BETA GAMMA DELTA EPSILON ZETA ETA THETA IOTA KAPPA

JAN FEB MAR APR MAY JUN JUL AUG SEP OCT NOV DEC

SATURDAY	MONDAY	TUESDAY
SUNDAY		

ALPHA BETA GAMMA DELTA EPSILON ZETA ETA THETA IOTA KAPPA

JAN FEB MAR APR MAY JUN JUL AUG SEP OCT NOV DEC

WEDNESDAY | ## THURSDAY | ## FRIDAY

ALPHA BETA GAMMA DELTA EPSILON ZETA ETA THETA IOTA KAPPA

JAN FEB MAR APR MAY JUN JUL AUG SEP OCT NOV DEC

SATURDAY

MONDAY

TUESDAY

SUNDAY

ALPHA BETA GAMMA DELTA EPSILON ZETA ETA THETA IOTA KAPPA

JAN FEB MAR APR MAY JUN JUL AUG SEP OCT NOV DEC

WEDNESDAY | ## THURSDAY | ## FRIDAY

ALPHA BETA GAMMA DELTA EPSILON ZETA ETA THETA IOTA KAPPA

JAN FEB MAR APR MAY JUN JUL AUG SEP OCT NOV DEC

SATURDAY

MONDAY

TUESDAY

SUNDAY

ALPHA BETA GAMMA DELTA EPSILON ZETA ETA THETA IOTA KAPPA

JAN FEB MAR APR MAY JUN JUL AUG SEP OCT NOV DEC

WEDNESDAY   ## THURSDAY   ## FRIDAY

ALPHA BETA GAMMA DELTA EPSILON ZETA ETA THETA IOTA KAPPA

JAN FEB MAR APR MAY JUN JUL AUG SEP OCT NOV DEC

SATURDAY

MONDAY

TUESDAY

SUNDAY

ALPHA BETA GAMMA DELTA EPSILON ZETA ETA THETA IOTA KAPPA

JAN FEB MAR APR MAY JUN JUL AUG SEP OCT NOV DEC

WEDNESDAY	THURSDAY	FRIDAY

ALPHA BETA GAMMA DELTA EPSILON ZETA ETA THETA IOTA KAPPA

JAN FEB MAR APR MAY JUN JUL AUG SEP OCT NOV DEC

SATURDAY

MONDAY

TUESDAY

SUNDAY

ALPHA BETA GAMMA DELTA EPSILON ZETA ETA THETA IOTA KAPPA

JAN FEB MAR APR MAY JUN JUL AUG SEP OCT NOV DEC

WEDNESDAY

THURSDAY

FRIDAY

ALPHA BETA GAMMA DELTA EPSILON ZETA ETA THETA IOTA KAPPA

JAN FEB MAR APR MAY JUN JUL AUG SEP OCT NOV DEC

SATURDAY

MONDAY

TUESDAY

SUNDAY

ALPHA BETA GAMMA DELTA EPSILON ZETA ETA THETA IOTA KAPPA

JAN FEB MAR APR MAY JUN JUL AUG SEP OCT NOV DEC

WEDNESDAY ## THURSDAY ## FRIDAY

ALPHA BETA GAMMA DELTA EPSILON ZETA ETA THETA IOTA KAPPA

JAN FEB MAR APR MAY JUN JUL AUG SEP OCT NOV DEC

SATURDAY

MONDAY

TUESDAY

SUNDAY

ALPHA BETA GAMMA DELTA EPSILON ZETA ETA THETA IOTA KAPPA

JAN FEB MAR APR MAY JUN JUL AUG SEP OCT NOV DEC

WEDNESDAY

THURSDAY

FRIDAY

ALPHA BETA GAMMA DELTA EPSILON ZETA ETA THETA IOTA KAPPA

JAN FEB MAR APR MAY JUN JUL AUG SEP OCT NOV DEC

SATURDAY

MONDAY

TUESDAY

SUNDAY

ALPHA BETA GAMMA DELTA EPSILON ZETA ETA THETA IOTA KAPPA

JAN FEB MAR APR MAY JUN JUL AUG SEP OCT NOV DEC

WEDNESDAY   ## THURSDAY   ## FRIDAY

ALPHA BETA GAMMA DELTA EPSILON ZETA ETA THETA IOTA KAPPA

JAN FEB MAR APR MAY JUN JUL AUG SEP OCT NOV DEC

SATURDAY

MONDAY

TUESDAY

SUNDAY

ALPHA BETA GAMMA DELTA EPSILON ZETA ETA THETA IOTA KAPPA

JAN FEB MAR APR MAY JUN JUL AUG SEP OCT NOV DEC

WEDNESDAY   ## THURSDAY   ## FRIDAY

ALPHA BETA GAMMA DELTA EPSILON ZETA ETA THETA IOTA KAPPA

JAN FEB MAR APR MAY JUN JUL AUG SEP OCT NOV DEC

SATURDAY

MONDAY

TUESDAY

SUNDAY

ALPHA BETA GAMMA DELTA EPSILON ZETA ETA THETA IOTA KAPPA

JAN FEB MAR APR MAY JUN JUL AUG SEP OCT NOV DEC

WEDNESDAY	THURSDAY	FRIDAY

ALPHA BETA GAMMA DELTA EPSILON ZETA ETA THETA IOTA KAPPA

JAN FEB MAR APR MAY JUN JUL AUG SEP OCT NOV DEC

SATURDAY	MONDAY	TUESDAY
SUNDAY		

ALPHA BETA GAMMA DELTA EPSILON ZETA ETA THETA IOTA KAPPA

JAN FEB MAR APR MAY JUN JUL AUG SEP OCT NOV DEC

WEDNESDAY

THURSDAY

FRIDAY

ALPHA BETA GAMMA DELTA EPSILON ZETA ETA THETA IOTA KAPPA

JAN FEB MAR APR MAY JUN JUL AUG SEP OCT NOV DEC

SATURDAY

MONDAY

TUESDAY

SUNDAY

ALPHA BETA GAMMA DELTA EPSILON ZETA ETA THETA IOTA KAPPA

JAN FEB MAR APR MAY JUN JUL AUG SEP OCT NOV DEC

WEDNESDAY | ## THURSDAY | ## FRIDAY

ALPHA BETA GAMMA DELTA EPSILON ZETA ETA THETA IOTA KAPPA

JAN FEB MAR APR MAY JUN JUL AUG SEP OCT NOV DEC

SATURDAY

MONDAY

TUESDAY

SUNDAY

ALPHA BETA GAMMA DELTA EPSILON ZETA ETA THETA IOTA KAPPA

JAN FEB MAR APR MAY JUN JUL AUG SEP OCT NOV DEC

WEDNESDAY | ## THURSDAY | ## FRIDAY

ALPHA BETA GAMMA DELTA EPSILON ZETA ETA THETA IOTA KAPPA

JAN FEB MAR APR MAY JUN JUL AUG SEP OCT NOV DEC

SATURDAY

MONDAY

TUESDAY

SUNDAY

ALPHA BETA GAMMA DELTA EPSILON ZETA ETA THETA IOTA KAPPA

JAN FEB MAR APR MAY JUN JUL AUG SEP OCT NOV DEC

WEDNESDAY

THURSDAY

FRIDAY

ALPHA BETA GAMMA DELTA EPSILON ZETA ETA THETA IOTA KAPPA

JAN FEB MAR APR MAY JUN JUL AUG SEP OCT NOV DEC

SATURDAY

MONDAY

TUESDAY

SUNDAY

ALPHA BETA GAMMA DELTA EPSILON ZETA ETA THETA IOTA KAPPA

JAN FEB MAR APR MAY JUN JUL AUG SEP OCT NOV DEC

WEDNESDAY ## THURSDAY ## FRIDAY

ALPHA BETA GAMMA DELTA EPSILON ZETA ETA THETA IOTA KAPPA

JAN FEB MAR APR MAY JUN JUL AUG SEP OCT NOV DEC

SATURDAY

MONDAY

TUESDAY

SUNDAY

ALPHA BETA GAMMA DELTA EPSILON ZETA ETA THETA IOTA KAPPA

JAN FEB MAR APR MAY JUN JUL AUG SEP OCT NOV DEC

WEDNESDAY   ## THURSDAY   ## FRIDAY

ALPHA BETA GAMMA DELTA EPSILON ZETA ETA THETA IOTA KAPPA

JAN FEB MAR APR MAY JUN JUL AUG SEP OCT NOV DEC

SATURDAY

MONDAY

TUESDAY

SUNDAY

ALPHA BETA GAMMA DELTA EPSILON ZETA ETA THETA IOTA KAPPA

JAN FEB MAR APR MAY JUN JUL AUG SEP OCT NOV DEC

WEDNESDAY   ## THURSDAY   ## FRIDAY

ALPHA BETA GAMMA DELTA EPSILON ZETA ETA THETA IOTA KAPPA

JAN FEB MAR APR MAY JUN JUL AUG SEP OCT NOV DEC

SATURDAY

MONDAY

TUESDAY

SUNDAY

ALPHA BETA GAMMA DELTA EPSILON ZETA ETA THETA IOTA KAPPA

JAN FEB MAR APR MAY JUN JUL AUG SEP OCT NOV DEC

WEDNESDAY ## THURSDAY ## FRIDAY

ALPHA BETA GAMMA DELTA EPSILON ZETA ETA THETA IOTA KAPPA

JAN FEB MAR APR MAY JUN JUL AUG SEP OCT NOV DEC

SATURDAY

MONDAY

TUESDAY

SUNDAY

ALPHA BETA GAMMA DELTA EPSILON ZETA ETA THETA IOTA KAPPA

JAN FEB MAR APR MAY JUN JUL AUG SEP OCT NOV DEC

WEDNESDAY   ## THURSDAY   ## FRIDAY

ALPHA BETA GAMMA DELTA EPSILON ZETA ETA THETA IOTA KAPPA

JAN FEB MAR APR MAY JUN JUL AUG SEP OCT NOV DEC

SATURDAY

MONDAY

TUESDAY

SUNDAY

ALPHA BETA GAMMA DELTA EPSILON ZETA ETA THETA IOTA KAPPA

JAN FEB MAR APR MAY JUN JUL AUG SEP OCT NOV DEC

WEDNESDAY

THURSDAY

FRIDAY

ALPHA BETA GAMMA DELTA EPSILON ZETA ETA THETA IOTA KAPPA

JAN FEB MAR APR MAY JUN JUL AUG SEP OCT NOV DEC

SATURDAY

MONDAY

TUESDAY

SUNDAY

ALPHA BETA GAMMA DELTA EPSILON ZETA ETA THETA IOTA KAPPA

JAN FEB MAR APR MAY JUN JUL AUG SEP OCT NOV DEC

WEDNESDAY   ## THURSDAY   ## FRIDAY

ALPHA BETA GAMMA DELTA EPSILON ZETA ETA THETA IOTA KAPPA

JAN FEB MAR APR MAY JUN JUL AUG SEP OCT NOV DEC

SATURDAY

MONDAY

TUESDAY

SUNDAY

ALPHA BETA GAMMA DELTA EPSILON ZETA ETA THETA IOTA KAPPA

JAN FEB MAR APR MAY JUN JUL AUG SEP OCT NOV DEC

WEDNESDAY   ## THURSDAY   ## FRIDAY

ALPHA BETA GAMMA DELTA EPSILON ZETA ETA THETA IOTA KAPPA

JAN FEB MAR APR MAY JUN JUL AUG SEP OCT NOV DEC

SATURDAY

MONDAY

TUESDAY

SUNDAY

ALPHA BETA GAMMA DELTA EPSILON ZETA ETA THETA IOTA KAPPA

JAN FEB MAR APR MAY JUN JUL AUG SEP OCT NOV DEC

WEDNESDAY   ## THURSDAY   ## FRIDAY

ALPHA BETA GAMMA DELTA EPSILON ZETA ETA THETA IOTA KAPPA

JAN FEB MAR APR MAY JUN JUL AUG SEP OCT NOV DEC

SATURDAY

MONDAY

TUESDAY

SUNDAY

ALPHA BETA GAMMA DELTA EPSILON ZETA ETA THETA IOTA KAPPA

JAN FEB MAR APR MAY JUN JUL AUG SEP OCT NOV DEC

WEDNESDAY

THURSDAY

FRIDAY

ALPHA BETA GAMMA DELTA EPSILON ZETA ETA THETA IOTA KAPPA

JAN FEB MAR APR MAY JUN JUL AUG SEP OCT NOV DEC

SATURDAY	MONDAY	TUESDAY
SUNDAY		

ALPHA BETA GAMMA DELTA EPSILON ZETA ETA THETA IOTA KAPPA

JAN FEB MAR APR MAY JUN JUL AUG SEP OCT NOV DEC

WEDNESDAY	THURSDAY	FRIDAY

ALPHA BETA GAMMA DELTA EPSILON ZETA ETA THETA IOTA KAPPA

JAN FEB MAR APR MAY JUN JUL AUG SEP OCT NOV DEC

SATURDAY

MONDAY

TUESDAY

SUNDAY

ALPHA BETA GAMMA DELTA EPSILON ZETA ETA THETA IOTA KAPPA

JAN FEB MAR APR MAY JUN JUL AUG SEP OCT NOV DEC

WEDNESDAY   ## THURSDAY   ## FRIDAY

ALPHA BETA GAMMA DELTA EPSILON ZETA ETA THETA IOTA KAPPA

JAN FEB MAR APR MAY JUN JUL AUG SEP OCT NOV DEC

SATURDAY

MONDAY

TUESDAY

SUNDAY

ALPHA BETA GAMMA DELTA EPSILON ZETA ETA THETA IOTA KAPPA

JAN FEB MAR APR MAY JUN JUL AUG SEP OCT NOV DEC

WEDNESDAY

THURSDAY

FRIDAY

ALPHA BETA GAMMA DELTA EPSILON ZETA ETA THETA IOTA KAPPA

JAN FEB MAR APR MAY JUN JUL AUG SEP OCT NOV DEC

SATURDAY

MONDAY

TUESDAY

SUNDAY

ALPHA BETA GAMMA DELTA EPSILON ZETA ETA THETA IOTA KAPPA

JAN FEB MAR APR MAY JUN JUL AUG SEP OCT NOV DEC

WEDNESDAY

THURSDAY

FRIDAY

ALPHA BETA GAMMA DELTA EPSILON ZETA ETA THETA IOTA KAPPA

JAN FEB MAR APR MAY JUN JUL AUG SEP OCT NOV DEC

SATURDAY

MONDAY

TUESDAY

SUNDAY

ALPHA BETA GAMMA DELTA EPSILON ZETA ETA THETA IOTA KAPPA

JAN FEB MAR APR MAY JUN JUL AUG SEP OCT NOV DEC

WEDNESDAY | ## THURSDAY | ## FRIDAY

ALPHA BETA GAMMA DELTA EPSILON ZETA ETA THETA IOTA KAPPA

JAN FEB MAR APR MAY JUN JUL AUG SEP OCT NOV DEC

SATURDAY

MONDAY

TUESDAY

SUNDAY

ALPHA BETA GAMMA DELTA EPSILON ZETA ETA THETA IOTA KAPPA

JAN FEB MAR APR MAY JUN JUL AUG SEP OCT NOV DEC

WEDNESDAY

THURSDAY

FRIDAY

ALPHA BETA GAMMA DELTA EPSILON ZETA ETA THETA IOTA KAPPA

JAN FEB MAR APR MAY JUN JUL AUG SEP OCT NOV DEC

SATURDAY	MONDAY	TUESDAY
SUNDAY		

ALPHA BETA GAMMA DELTA EPSILON ZETA ETA THETA IOTA KAPPA

JAN FEB MAR APR MAY JUN JUL AUG SEP OCT NOV DEC

WEDNESDAY	THURSDAY	FRIDAY

ALPHA BETA GAMMA DELTA EPSILON ZETA ETA THETA IOTA KAPPA

JAN FEB MAR APR MAY JUN JUL AUG SEP OCT NOV DEC

SATURDAY	MONDAY	TUESDAY
SUNDAY		

ALPHA BETA GAMMA DELTA EPSILON ZETA ETA THETA IOTA KAPPA

JAN FEB MAR APR MAY JUN JUL AUG SEP OCT NOV DEC

WEDNESDAY

THURSDAY

FRIDAY

ALPHA BETA GAMMA DELTA EPSILON ZETA ETA THETA IOTA KAPPA

JAN FEB MAR APR MAY JUN JUL AUG SEP OCT NOV DEC

SATURDAY

MONDAY

TUESDAY

SUNDAY

ALPHA BETA GAMMA DELTA EPSILON ZETA ETA THETA IOTA KAPPA

JAN FEB MAR APR MAY JUN JUL AUG SEP OCT NOV DEC

WEDNESDAY

THURSDAY

FRIDAY

ALPHA BETA GAMMA DELTA EPSILON ZETA ETA THETA IOTA KAPPA

JAN　FEB　MAR　APR　MAY　JUN　JUL　AUG　SEP　OCT　NOV　DEC

SATURDAY

MONDAY

TUESDAY

SUNDAY

ALPHA　BETA　GAMMA　DELTA　EPSILON　ZETA　ETA　THETA　IOTA　KAPPA

JAN FEB MAR APR MAY JUN JUL AUG SEP OCT NOV DEC

WEDNESDAY | ## THURSDAY | ## FRIDAY

ALPHA BETA GAMMA DELTA EPSILON ZETA ETA THETA IOTA KAPPA

JAN FEB MAR APR MAY JUN JUL AUG SEP OCT NOV DEC

SATURDAY	MONDAY	TUESDAY
SUNDAY		

ALPHA BETA GAMMA DELTA EPSILON ZETA ETA THETA IOTA KAPPA

JAN FEB MAR APR MAY JUN JUL AUG SEP OCT NOV DEC

WEDNESDAY

THURSDAY

FRIDAY

ALPHA BETA GAMMA DELTA EPSILON ZETA ETA THETA IOTA KAPPA

JAN FEB MAR APR MAY JUN JUL AUG SEP OCT NOV DEC

SATURDAY

MONDAY

TUESDAY

SUNDAY

ALPHA BETA GAMMA DELTA EPSILON ZETA ETA THETA IOTA KAPPA

JAN FEB MAR APR MAY JUN JUL AUG SEP OCT NOV DEC

WEDNESDAY | ## THURSDAY | ## FRIDAY

ALPHA BETA GAMMA DELTA EPSILON ZETA ETA THETA IOTA KAPPA

JAN FEB MAR APR MAY JUN JUL AUG SEP OCT NOV DEC

SATURDAY

MONDAY

TUESDAY

SUNDAY

ALPHA BETA GAMMA DELTA EPSILON ZETA ETA THETA IOTA KAPPA

JAN FEB MAR APR MAY JUN JUL AUG SEP OCT NOV DEC

WEDNESDAY

THURSDAY

FRIDAY

ALPHA BETA GAMMA DELTA EPSILON ZETA ETA THETA IOTA KAPPA

JAN FEB MAR APR MAY JUN JUL AUG SEP OCT NOV DEC

SATURDAY

MONDAY

TUESDAY

SUNDAY

ALPHA BETA GAMMA DELTA EPSILON ZETA ETA THETA IOTA KAPPA

JAN FEB MAR APR MAY JUN JUL AUG SEP OCT NOV DEC

WEDNESDAY

THURSDAY

FRIDAY

ALPHA BETA GAMMA DELTA EPSILON ZETA ETA THETA IOTA KAPPA

JAN FEB MAR APR MAY JUN JUL AUG SEP OCT NOV DEC

SATURDAY	MONDAY	TUESDAY
SUNDAY		

ALPHA BETA GAMMA DELTA EPSILON ZETA ETA THETA IOTA KAPPA

JAN FEB MAR APR MAY JUN JUL AUG SEP OCT NOV DEC

WEDNESDAY

THURSDAY

FRIDAY

ALPHA BETA GAMMA DELTA EPSILON ZETA ETA THETA IOTA KAPPA

JAN FEB MAR APR MAY JUN JUL AUG SEP OCT NOV DEC

SATURDAY

MONDAY

TUESDAY

SUNDAY

ALPHA BETA GAMMA DELTA EPSILON ZETA ETA THETA IOTA KAPPA

JAN FEB MAR APR MAY JUN JUL AUG SEP OCT NOV DEC

WEDNESDAY   ## THURSDAY   ## FRIDAY

ALPHA BETA GAMMA DELTA EPSILON ZETA ETA THETA IOTA KAPPA

JAN FEB MAR APR MAY JUN JUL AUG SEP OCT NOV DEC

SATURDAY

MONDAY

TUESDAY

SUNDAY

ALPHA BETA GAMMA DELTA EPSILON ZETA ETA THETA IOTA KAPPA

JAN FEB MAR APR MAY JUN JUL AUG SEP OCT NOV DEC

WEDNESDAY | ## THURSDAY | ## FRIDAY

ALPHA BETA GAMMA DELTA EPSILON ZETA ETA THETA IOTA KAPPA

JAN FEB MAR APR MAY JUN JUL AUG SEP OCT NOV DEC

SATURDAY

MONDAY

TUESDAY

SUNDAY

ALPHA BETA GAMMA DELTA EPSILON ZETA ETA THETA IOTA KAPPA

JAN FEB MAR APR MAY JUN JUL AUG SEP OCT NOV DEC

WEDNESDAY   ## THURSDAY   ## FRIDAY

ALPHA BETA GAMMA DELTA EPSILON ZETA ETA THETA IOTA KAPPA

JAN FEB MAR APR MAY JUN JUL AUG SEP OCT NOV DEC

SATURDAY

MONDAY

TUESDAY

SUNDAY

ALPHA BETA GAMMA DELTA EPSILON ZETA ETA THETA IOTA KAPPA

JAN FEB MAR APR MAY JUN JUL AUG SEP OCT NOV DEC

WEDNESDAY | ## THURSDAY | ## FRIDAY

ALPHA BETA GAMMA DELTA EPSILON ZETA ETA THETA IOTA KAPPA

JAN FEB MAR APR MAY JUN JUL AUG SEP OCT NOV DEC

SATURDAY

MONDAY

TUESDAY

SUNDAY

ALPHA BETA GAMMA DELTA EPSILON ZETA ETA THETA IOTA KAPPA

JAN FEB MAR APR MAY JUN JUL AUG SEP OCT NOV DEC

WEDNESDAY | ## THURSDAY | ## FRIDAY

ALPHA BETA GAMMA DELTA EPSILON ZETA ETA THETA IOTA KAPPA

JAN FEB MAR APR MAY JUN JUL AUG SEP OCT NOV DEC

SATURDAY

MONDAY

TUESDAY

SUNDAY

ALPHA BETA GAMMA DELTA EPSILON ZETA ETA THETA IOTA KAPPA

JAN FEB MAR APR MAY JUN JUL AUG SEP OCT NOV DEC

WEDNESDAY   ## THURSDAY   ## FRIDAY

ALPHA BETA GAMMA DELTA EPSILON ZETA ETA THETA IOTA KAPPA

JAN FEB MAR APR MAY JUN JUL AUG SEP OCT NOV DEC

SATURDAY

MONDAY

TUESDAY

SUNDAY

ALPHA BETA GAMMA DELTA EPSILON ZETA ETA THETA IOTA KAPPA

JAN FEB MAR APR MAY JUN JUL AUG SEP OCT NOV DEC

WEDNESDAY	THURSDAY	FRIDAY

ALPHA BETA GAMMA DELTA EPSILON ZETA ETA THETA IOTA KAPPA

JAN FEB MAR APR MAY JUN JUL AUG SEP OCT NOV DEC

SATURDAY

MONDAY

TUESDAY

SUNDAY

ALPHA BETA GAMMA DELTA EPSILON ZETA ETA THETA IOTA KAPPA

JAN   FEB   MAR   APR   MAY   JUN   JUL   AUG   SEP   OCT   NOV   DEC

WEDNESDAY

THURSDAY

FRIDAY

ALPHA   BETA   GAMMA   DELTA   EPSILON   ZETA   ETA   THETA   IOTA   KAPPA

JAN FEB MAR APR MAY JUN JUL AUG SEP OCT NOV DEC

SATURDAY

MONDAY

TUESDAY

SUNDAY

ALPHA BETA GAMMA DELTA EPSILON ZETA ETA THETA IOTA KAPPA

JAN FEB MAR APR MAY JUN JUL AUG SEP OCT NOV DEC

WEDNESDAY

THURSDAY

FRIDAY

ALPHA BETA GAMMA DELTA EPSILON ZETA ETA THETA IOTA KAPPA

JAN FEB MAR APR MAY JUN JUL AUG SEP OCT NOV DEC

SATURDAY

MONDAY

TUESDAY

SUNDAY

ALPHA BETA GAMMA DELTA EPSILON ZETA ETA THETA IOTA KAPPA

JAN FEB MAR APR MAY JUN JUL AUG SEP OCT NOV DEC

WEDNESDAY

THURSDAY

FRIDAY

ALPHA BETA GAMMA DELTA EPSILON ZETA ETA THETA IOTA KAPPA

JAN FEB MAR APR MAY JUN JUL AUG SEP OCT NOV DEC

SATURDAY

MONDAY

TUESDAY

SUNDAY

ALPHA BETA GAMMA DELTA EPSILON ZETA ETA THETA IOTA KAPPA

JAN FEB MAR APR MAY JUN JUL AUG SEP OCT NOV DEC

WEDNESDAY | ## THURSDAY | ## FRIDAY

ALPHA BETA GAMMA DELTA EPSILON ZETA ETA THETA IOTA KAPPA

JAN FEB MAR APR MAY JUN JUL AUG SEP OCT NOV DEC

SATURDAY

MONDAY

TUESDAY

SUNDAY

ALPHA BETA GAMMA DELTA EPSILON ZETA ETA THETA IOTA KAPPA

JAN FEB MAR APR MAY JUN JUL AUG SEP OCT NOV DEC

WEDNESDAY

THURSDAY

FRIDAY

ALPHA BETA GAMMA DELTA EPSILON ZETA ETA THETA IOTA KAPPA

JAN FEB MAR APR MAY JUN JUL AUG SEP OCT NOV DEC

SATURDAY

MONDAY

TUESDAY

SUNDAY

ALPHA BETA GAMMA DELTA EPSILON ZETA ETA THETA IOTA KAPPA

JAN FEB MAR APR MAY JUN JUL AUG SEP OCT NOV DEC

WEDNESDAY | ## THURSDAY | ## FRIDAY

ALPHA BETA GAMMA DELTA EPSILON ZETA ETA THETA IOTA KAPPA

JAN FEB MAR APR MAY JUN JUL AUG SEP OCT NOV DEC

SATURDAY

MONDAY

TUESDAY

SUNDAY

ALPHA BETA GAMMA DELTA EPSILON ZETA ETA THETA IOTA KAPPA

JAN FEB MAR APR MAY JUN JUL AUG SEP OCT NOV DEC

WEDNESDAY | ## THURSDAY | ## FRIDAY

ALPHA BETA GAMMA DELTA EPSILON ZETA ETA THETA IOTA KAPPA

JAN FEB MAR APR MAY JUN JUL AUG SEP OCT NOV DEC

SATURDAY

MONDAY

TUESDAY

SUNDAY

ALPHA BETA GAMMA DELTA EPSILON ZETA ETA THETA IOTA KAPPA

JAN FEB MAR APR MAY JUN JUL AUG SEP OCT NOV DEC

WEDNESDAY   ## THURSDAY   ## FRIDAY

ALPHA BETA GAMMA DELTA EPSILON ZETA ETA THETA IOTA KAPPA

www.ingramcontent.com/pod-product-compliance
Lightning Source LLC
Chambersburg PA
CBHW050210230526
45470CB00001B/324